吃不胖甜點。

減 糖 ・ 低 脂 ・ 真 輕 盈
Low-fat Desserts

香草蛋糕舖　金一鳴 著

天使、戚風和海綿蛋糕
小餅乾、派和塔，可麗餅、瑪芬和思康
輕盈的慕思、果凍、果醬和冰品
舒芙蕾、提拉米蘇，布丁和奶酪

以蛋白爲主要原料，減少鮮奶油的使用量
加入優格、豆腐和新鮮水果
減糖、低脂，真輕盈！

輕盈享受甜點的
52種方法

嗜吃甜點的人總愛邊吃我做的點心邊埋怨我，也有人殷殷敦囑我
將高熱量配方減低再減低……

　　常常有人問我：哪一種蛋糕吃起來比較不會發胖？以一個烘焙工作者
來看，一般傳統甜點的組成原料，如奶油、奶製品、雞蛋，大多屬於高卡
洛里和高膽固醇的主要來源。而這些原料也正是甜點的風味所在；就好像
愛情的甜美讓人迷醉，痛苦的滋味也無從避免，淺嚐吧！通常這是我的答
案，適可而止是讓你既可享受美好的甜點，又不會造成太多負擔的建議。

　　要面對這些甜點動心忍性，還真不容易！於是這才讓我下決心設計出
一本低卡點心食譜，讓美食愛好者既可盡情享受美食又不必擔心體重上
升。這本書中除了介紹些原本即屬低卡洛里的甜點外，也在傳統的甜點製
作上，選用些自然的材料來替代；希望經過不同的組合方式後，仍保有甜
點的好味道。

　　這原是我的第一本烹飪書，從事烘焙和料理的工作已跨入第一個10
年，我發現甜點的配方和口感會隨著人生的視野不同而有更多新的體會，
於是這次重新整理設計這本食譜，不僅變換出更好吃的低脂配方，也新增
了10道食譜，重新發行。

　　不妨以新的心情來看待書中所介紹的甜點，相信你會有更多的驚喜，
發現親近甜點的另一個新遊戲法則！

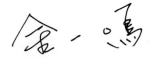

Contents

吃不胖甜點。
減糖．低脂．真輕盈
Low fat Desserts

Spring

仲夏夜聽美人魚唱歌　Summer

Summer

Contents

漫步在微秋的田園　Autumn

Autumn

依偎在隆冬的烤爐旁　Winter

材料做法DIY

天使吹著
春天的號角。
Spring

選取以蛋白為主要原料或原有配方
加重了蛋白比例的甜點，
讓你有個清新怡人的序曲。

玫瑰天使。
Rose Angel

每個約 **97 Kcal** 可切8片

✛ 份量：16.5cm空心蛋糕1個

在天使蛋糕上，我嗅到早春的氣息。

✛ **材料 Recipe**

蛋白（egg white）245g.

塔塔粉（cream of tartar）1/2茶匙

鹽（salt）1/4茶匙

細砂糖（fine granulated sugar）100g.

低筋麵粉（plain flour）40g.

玉米粉（corn flour）40g.

玫瑰花瓣（rose petal）1大匙

玫瑰香精（rose essence）1/4茶匙

✛ **模具** 16.5cm空心戚風蛋糕模1個

✛ Tips

1 天使蛋糕因為沒有添加蛋黃及奶油，可算是卡洛里含量最低的蛋糕。

2 製作天使蛋糕時，蛋白打至濕性發泡即可，因為要預留上漲空間待進爐烤焙時膨脹，若打發過度，蛋白進爐後無法再往上漲，只有往下漲，會造成體積縮小。

3 所謂濕性發泡：蛋白一般可依其打發程度分為濕性及乾性發泡，若以手指倒勾打發蛋白，其尖端稍軟呈彎曲狀即是濕性發泡，若繼續打至稍硬，以手倒勾，尖端成挺立狀即是乾性發泡。

4 也可以紅茶包的碎茶葉或檸檬、柳橙皮代替玫瑰花。玫瑰香精費用稍高，也可不放。

✛ **做法 Directions**

1 蛋白放入盆中，取攪拌器以中速略打起泡，加入塔塔粉、鹽打至呈粗泡沫狀（圖1）。

2 改快速續打，分次加入細砂糖，打至濕性發泡（圖2）。

3 低筋麵粉、玉米粉過篩，輕輕拌入（圖3）。

4 最後拌入可食用的玫瑰花瓣和玫瑰香精（圖4）。

5 將拌好的麵糊倒入模型中（圖5）。

6 烤箱預熱，上／下火180℃，烤約25分鐘，出爐後將模型倒扣於網架上（圖6），冷卻即可食用。

綠茶天使。
Green Tea Angel

每個約 138 Kcal 可切8片

✛ 份量：16.5cm空心蛋糕1個

天使來過人間，沒有留下痕跡，但我知道……

✛ 材料 Recipe

蛋白（egg white）245g.

塔塔粉（cream of tartar）1/2茶匙

鹽（salt）1/4茶匙

細砂糖（fine granulated sugar）90g.

低筋麵粉（plain flour）60g.

綠茶粉（greentea powder）10g.

蜜紅豆粒（candied adnki bean）50g.

✛裝飾

蛋白鮮奶油 Whippedhipped Cream of Eggwhites 385g.

細砂糖（fine granulated sugar）100g.

水（cold water）35g.

蛋白（egg white）100g.

塔塔粉（cream of tartar）1/4茶匙

香草精（vanilla essence）少許

鮮奶油（whipping cream）150g.

✛模具 16.5cm空心戚風蛋糕模1個

✛Tips

1 每100g.鮮奶油就有300卡的熱量，因此我們在配方中加入蛋白來降低熱量；而100g.蛋白鮮奶油的熱量則約為210卡。

2 翻糖是指糖經過再加熱，反復處理後所形成的新的白色結晶體，常運用在糕點表面裝飾或夾餡；而砂糖在加熱尚未融解時，若加以攪拌也會形成白色結晶狀，但是顆粒較粗糙。

✛ 做法 Directions

1 蛋白放入盆中，取攪拌器以中速略打起泡，加入塔塔粉、鹽打至呈粗泡沫狀。

2 改快速續打，分次加入細砂糖，打至濕性發泡。

3 低筋麵粉、綠茶粉過篩，輕輕拌入。

4 最後拌入蜜紅豆粒，倒入模型中。

5 烤箱預熱，上／下火180℃，烤約25分鐘，出爐後將模型倒扣於網架上至冷卻即可食用。

6 取蛋白鮮奶油抹於表面即可 (圖1)。

❖ 自製蛋白鮮奶油

1 細砂糖、冷水置於小鍋中，以小火煮至滾（在糖粒融解前勿攪動，以免成翻糖）。

2 在糖漿續煮的同時，將蛋白和塔塔粉略打成泡沫狀 (圖2)。

3 待糖漿溫度達到110℃時（可以糖溫計測量，或以湯匙沾少許糖漿滴於金屬平面上，若糖漿呈球狀不易流開即可）(圖3)，離火。

4 轉快速攪拌蛋白，並將糖漿沿攪拌盆壁緩緩倒入（圖4），加入少許香草精，待蛋白打至濕性發泡，轉中、慢速，至蛋白溫度降溫。

5 鮮奶油打發，拌入蛋白即成可蛋白鮮奶油（圖5）。

起司戚風。
Cheese Chiffon

每個約 **102 Kcal** 可切12片

✦ 份量：8吋圓蛋糕1個

A piece of cake，來塊蛋糕吧！天大的煩惱都暫時忘卻。

✦ 材料 **Recipe**

A ⎡ 奶油起司（cream cheese）100g.
　⎣ 脫脂牛奶（fat-free milk）100g.

B ⎡ 低筋麵粉（plain flour）10g.
　│ 玉米粉（corn flour）20g.
　│ 脫脂牛奶（fat-free milk）30g.
　│ 蛋黃（egg yolk）1個
　⎣ 檸檬皮（lemon peel）1/2個

檸檬汁（lemon juice）1/2個

蛋白（egg white）4個

細砂糖（fine granulated sugar）70g.

戚風蛋糕（Chiffon Cake）8吋1cm厚1片

　（戚風蛋糕可買現成的或參考P.15做法〔16.5cm空心模的份量×1.5倍即8吋圓模的份量〕）

✦ 模具 模具：8吋慕思圈1個

✦Tips

1 判斷起司蛋糕是否烤熟，可以手指輕拍蛋糕表面中心，若呈固態感覺且稍有彈性即可。若仍無法確定，則可以細竹籤刺入，尖端不沾麵糊表示已熟，此法亦適用於一般蛋糕。

2 除去油脂、降低了蛋黃量，而使用脫脂牛奶、檸檬皮及汁，這道起司蛋糕在微暖的春末時分，吃起來十分清爽怡人。

✦ 做法 Directions

1 A料置於攪拌盆中，隔水融化。

2 B料全部拌勻後再拌入A料。

3 蛋白和細砂糖打至近乾性發泡。

4 分次將打發蛋白和A、B料拌勻。

5 慕思圈以錫箔紙做底（圖1），放入戚風蛋糕片（圖2），再倒入起司麵糊（圖3）。

6 烤箱預熱上下火170/150℃，隔水烤焙（圖4），進爐即將下火轉至100℃。

7 待蛋糕表面略著色，將上火調至150℃，烤至熟，全程約需60分鐘。

香草海綿。
Sponge Cake

每個約 150 Kcal 可切12片

✛ 份量：8吋圓蛋糕1個

有沒有一種幸福？是這樣綿密卻沒有負擔。

✛ 材料 **Recipe**

A ├ 全蛋（egg）2個
│ 蛋白（egg white）4個
└ 細砂糖（fine granulated sugar）130g.

低筋麵粉（plain flour）90g.

玉米粉（corn fiour）30g.

植物油（vegetable oil）20g.

低脂牛奶（low-fat milk）30g.

檸檬皮（lemon peel）1個

香草精（vanilla esscnce）少許

✛ 裝飾

蛋白鮮奶油（Whippedhipped Cream of Eggwhites）適量

新鮮水果（fresh fruit）適量

水果酒（fruit liquor）適量

✛ 模具 8吋慕思圈1個

✛Tips

1 要做巧克力海綿蛋糕，可將玉米粉中的15g.以可可粉取代。紅茶口味海綿蛋糕：則將牛奶改為濃縮紅茶液、檸檬皮以碎紅茶葉1茶匙代替。

2 傳統海綿蛋糕使用的是全蛋，我們以蛋白取代了部分全蛋，因此在打發時間上會延長，且打發的黏稠度也較稀。

3 以水果甜酒來代替糖水濕潤蛋糕，可降低甜度和熱量，還能增添另一番成熟的酒香風味。

1

2

3

4

✛ 做法 **Directions**

1 將全蛋、蛋白和細砂糖快速打發，至氣泡已不易流動，改中速續打，直到以手指劃開麵糊，其痕跡可緩慢復合（圖1）。

2 低筋麵粉和玉米粉過篩後撒入，也可邊撒邊輕拌（圖2），然後一手輕拌，另一手輕轉攪拌盆。

3 油和牛奶一同加熱至以手試稍覺燙手的溫度（45~50℃），輕拌入麵糊（圖3）。

4 拌入檸檬皮和香草精（圖4）。

5 烤箱預熱，上/下火180℃，烤約25分鐘，出爐後將模型倒扣於網架上至冷卻。

6 將冷卻的橫切成兩片，以水果酒稍加濕潤蛋糕片，並將水果切片夾於蛋糕中，抹上鮮奶油，以水果裝飾。

草莓蛋白餅。

每個約
112 Kcal
可切10片

Strawberry Meringue Round

草莓、蛋白餅和鮮奶油共譜出春光奏鳴曲。 ✛ 份量：8吋圓餅1個

✛ 材料 **Recipe**

蛋白（egg white）3個

細砂糖（fine granulated sugar）105g.

蛋白鮮奶油（whippedhipped cream of eggwhites）200g.（做法見P.12 ）

優格（yogurt）200g.

草莓（strawberry）適量

白油（shortening）少許

高筋麵粉（bread flour）少許

✛Tips

蛋白餅的原料只有蛋白和細砂糖，由於砂糖的份量攸
關蛋白打發的程度，而且也是結構材料，無法任意刪
減，所以這道蛋白餅吃起來會稍甜。

✛ 做法 **Directions**

1 將烤盤紙鋪於烤盤上，均勻擦上白
油，再撒上高筋麵粉（圖1~3）。

2 蛋白放入攪拌盆，以中速攪拌起
泡，分次加入細砂糖，轉快速打至
濕性發泡。

3 將打發蛋白以塑膠刮刀抹至烤盤
上，約呈20cm的圓形大小（圖
4）。

4 烤箱預熱，上/下火150℃，約烤2
小時，至蛋白烘乾。

5 優格與蛋白鮮奶油拌勻，放入擠花
袋，擠在蛋白圈上，點綴上草莓即
可食用。

+ 材料 **Recipe**

藍莓（Blueberry）450g.
細砂糖（fine granulated sugar）75g.
檸檬皮（lemon peel）1/2個
蛋白（egg white）4個
細砂糖（fine granulated sugar）25g.

+ 模具 烤箱用耐熱陶瓷杯5個

+ 做法 **Directions**

1 藍莓、細砂糖、檸檬皮放入鍋中
  煮開後熄火，製成藍莓醬。

2 蛋白和糖打至呈濕性發泡，拌入
  藍莓醬，舀入耐熱陶瓷杯中。至
  約7分滿。

3 烤箱預熱，上／下火200℃，烤約
  15分鐘即可趁熱食用。

+**Tips**

1 藍莓也可以蘋果丁代替，但最好
  挑選較酸的青蘋果。

2 舒芙蕾是一種法式甜點，而一般
  舒芙蕾配方中的蛋黃和麵粉都被
  我們捨去了，放心的享用吧！

藍莓舒芙蕾。
Blueberry Souffle

每個約 **139** Kcal

+ 份量：5個

這是一道需要趁熱吃的甜點，因為它一離開烤箱即開始收
縮，有人說「你可以為舒芙蕾等待，卻無法期望它會等你」
一如愛情的發生。

天使的眼淚－米布丁。

Rice Pudding ✦份量：4個 每個約 **160** Kcal

晶瑩圓潤的米粒宛如一顆顆真愛的眼淚。

✦ 材料 **Recipe**

米粒（Rice）65g.

蜂蜜（honey）45g.

脫脂牛奶（fat-free milk）750g.

香草精（vanilla essence）1/2茶匙

蛋白（egg white）2個

✦ 模具 烤箱用耐熱陶瓷杯4個

✦ 做法 **Directions**

1 將米、蜂蜜、牛奶放入鍋中煮至滾。

2 加蓋，轉小火，需不時攪動以防沾鍋底。煮約1小時至大部份牛奶皆被米粒吸收。

3 加入香草精。

4 蛋白打至濕性發泡，拌入鍋中。

5 烤箱預熱，上/下火220℃，烤約15分鐘，至布丁漲起且表面呈金黃色，即可趁熱食用。

+Tips

很難想像米布丁是從遙遠的歐洲傳來的配方，將煮熟的米飯和蛋、牛奶等材料製成，對歐洲人來說，米是一種很罕見的材料，所以米布丁也是很珍貴的，就像天使的眼淚般珍貴。

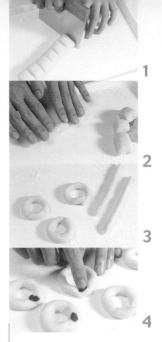

愛情的指環。
Love's Ring

每份約 **55** Kcal

+ 份量：12個

以指環為證，不管這一生是苦是樂，都將互相扶持陪伴，在 2000年，我們對愛情許下的盟約。

+ 材料 Recipe

無鹽奶油（unsalted butter）40g.

細砂糖（fine granulated sugar）40g.

蛋白（egg white）20g.

低筋麵粉（plain flour）120g.

低脂牛奶（low-fat milk）10g.

香草精（vanilla essence）少許

葡萄乾（raisin）12粒

+Tips

餅乾之所以好吃酥脆，得歸功於大量的奶油，但每 100g.奶油的熱量為750 kcal.，實在是太高了。若不加奶油，餅乾又實在不好吃；兩全之計，少吃幾塊吧！

+ 做法 Directions

1 奶油預先置室溫下至稍軟。

2 將奶油和細砂糖攪拌至顏色轉淡，稍發即可。

3 拌入蛋白，攪拌均勻。

4 低筋麵粉過篩拌入，攪拌均勻。

5 牛奶、香草精拌入，攪拌均勻成麵糰。

6 將麵糰分成12等份（圖1），每個以手搓成約12cm長條（圖2）。

7 連接成環狀（圖3），並將葡萄乾崁入連接處（圖4）。

8 烤箱預熱，上／下火160℃，烤約20分鐘至稍硬即可。

天使的手指。
Angel's Fingers

每份約
15 Kcal

+ 份量：60個

如果有天使也該有黑、黃、白各種不同膚色的天使吧！

+ 材料 Recipe

蛋黃（egg yolk）2個

蛋白（egg white）4個

細砂糖（fine granulated sugar）80g.

低筋麵粉（plain flour）90g.

檸檬皮屑（lemon peel）1大匙

糖粉（icing sugar）適量

可可粉（cocoa powder）30g.

+Tips

1 手指餅乾由於外型如手指般而得名，可直接吃，最常見的是放在Tiramisu裡，也可當做夾心蛋糕夾果醬吃，還可以做為蛋糕的圍邊，擠成圓形也放入慕思中做夾層。

2 傳統配方中手指餅干的蛋黃和蛋白的比例是1:1，我們增加了蛋白的份量來代替蛋黃，也降低了麵粉量，吃起來的口感更加鬆軟。

+ 做法 Directions

1 蛋黃打散，置於一旁。

2 蛋白和細砂糖打發至乾性發泡。

3 將打散的蛋黃淋於蛋白上（圖1）。

4 攪拌的同時，拌入過篩的低筋麵粉和檸檬皮屑，稍拌勻即可（圖2），要做巧克力風味的，則不適合加入檸檬皮屑。

5 烤盤紙鋪於烤盤上，或直接使用不沾烤盤紙。

6 將麵糊填入擠花袋中，以圓孔花嘴擠出約6cm長的長條（圖3）。

7 使用細篩網將糖粉撒在已擠好的手指形餅乾上，要做巧克力風味的，則篩上可可粉（圖4）。

8 烤箱預熱，上/下火200℃，約烤10分鐘，冷卻後分開來即成一個一個手指餅乾。

白晝黑夜慕思杯。
Mascarpon Mouse Cup
✤ 份量：水果口味 & 咖啡口味各3杯

如果多了些白晝貪喝咖啡而無法成眠的天使，
也許黑夜裡就不會有悲傷的事發生。

水果口味 每杯約 **176** Kcal

咖啡口味 每杯約 **220** Kcal

✤ 材料 Recipe

瑪斯卡彭起司（Mascarpone Cheese）150g.

優格（yogurt）75g.

蛋白（egg white）75g.

檸檬皮（lemon peel）1/2茶匙

水果口味

紅葡萄酒（red wine）10g.

紅葡萄汁（grape juice）50g.

新鮮水果（fresh fruit）適量

手指餅乾（Lady's Finger）12條（做法見P.26）

咖啡口味

咖啡酒或蘭姆酒（coffee liqueur or dark rum)10g.

咖啡液（espresso coffee5）50g.

巧克力手指餅乾（Chocolate Lady's Finger）18條（做法見P.26）

✤Tips

1 喜歡Tiramisu獨特起司香味的人，這個低脂低卡的改良配方，非常
值得你試試。

2 製作Tiramisu 一定要用Mascarpone Cheese才能做出好吃的口感，
Mascarpone Cheese在大型超市和烘焙材料行均有售。

✤ 做法 Directions

1 瑪斯卡彭起司拌軟，優格拌勻拌入
起司中。

2 蛋白打至濕性發泡拌入，再加入檸
檬皮。

3 製作水果口味：調勻葡萄酒和葡萄
汁，取4條檸檬口味手指餅乾浸入
數秒（圖1）。

4 取1/3量起司慕思放入高腳杯底，
放入手指餅乾（圖2），舀入適量
的起司慕思（圖3），置入適量的
新鮮水果，如此重覆一次。

5 製作咖啡口味：取4條巧克力手指
餅乾，浸於咖啡酒液中數秒。取
1/3量起司慕思放入高腳杯底，放
入手指餅乾，再舀入適量的起司慕
思，撒上可可粉，重覆2次。

仲夏夜
聽美人魚唱歌。
Summer

挑選了慕思、果凍和冰淇淋等清涼的冷點，
減少鮮奶油的使用量，
而代以蛋白、優格、豆腐和新鮮水果。

覆盆子優格慕思。
Raspberry Yogure Mousses

✛份量：8吋慕思蛋糕1個

每個約
150
Kcal
可切12片

紅豔的覆盆子，連驕陽都相形失色；
酸甜的滋味，讓慵熱的午后也格外清新。

✛材料 Recipe

A {
覆盆子果泥（raspberry puree）100g.
冷開水（cold water）45g.
細砂糖（fine granulated sugar）30g.
}

吉利丁（gelatine）15g.

優格（yogurt）150g.

檸檬皮（lemon peel）1個

蛋白（egg white）3個

天使蛋糕（Angel Food Cake）8吋1cm厚2片
（天使蛋糕可買現成的或參考P.11做法〔16.5cm空心模的份量×1.5倍即8吋圓模的份量〕）

淋面

B {
覆盆子果泥（raspberry puree）50g.
水（water）50g.
細砂糖（fine granulated sugar）20g.
}

吉利丁（gelatine）5g.

指形圍邊（Lady's Finger）
（指形圍邊即天使的手指，做法見P.26，份量約20條，以花嘴擠出時不需分開）

新鮮水果（fresh fruit）適量

✛模具 8吋慕思圈1個

✛Tips

1 淋面剛煮開時，溫度過高，不宜直接操作，否則易造成慕思表面融解；反之過冷又易凝結，不易流動。

2 慕思法文的原意是泡沫，就像我們吃慕思時如泡沫般輕盈而柔軟的感覺。一般慕思多以打發鮮奶油加入巧克力或水果，而做成各種口味。這道慕思完全不加鮮奶油，以蛋白替代，同樣口感鬆綿，卻大大降低熱量。

✛做法 Directions

1 將A料煮至細砂糖融解。

2 拌入泡軟的吉利丁片，放至冷卻（圖1）。

3 拌入優格和檸檬皮。

4 蛋白打至濕性發泡拌入（圖2），即成慕思。

5 指形圍邊排於模型邊上，先放1片蛋糕片，舀入1/2份量慕思（圖3），再重複放上蛋糕片和慕思（圖4）。

6 放入冰箱冷凍庫冰硬。

7 **製作淋面：** B料全部煮開，拌入泡軟的吉利丁片融解，待溫度稍降。

8 取出慕思，將微燙的淋面淋於慕思表面上，待淋面凝結，再裝飾水果（圖5）。

芒果豆腐慕思。
Mongo Tofu Mousse

✢ 份量：7×35cm長條慕思蛋糕1個

每個約
**158
Kcal**
可切8片

原來芒果也可以以如此優雅之姿端坐盤中，
原來生活也可以如此寫意！

✢ 材料 **Recipe**

芒果丁（mango chunks）300g.

嫩豆腐（tofu）120g.

檸檬皮（lemon peel）1/2個

檸檬汁（lemon juice）1/2個

吉利丁（gelatine）15g.

蛋白鮮奶油（whippedhipped cream of eggwhites）120g.

蜂蜜（honey）少許

芒果果球（mango chunks）12個

指形圍邊（Lady's Finger）30條

（指形圍邊即天使的手指，做法見P.26，以花嘴擠出時
不需分開）

✢ 模具 7×35cm長條橢圓底模型1個

✢Tips

豆腐的卡洛里極低，而且營養豐富，是很好的低卡食品。
以豆腐製作甜點時，可選擇香味濃郁的水果或起司做為搭
配，如此就能掩飾豆腐本身的澀味。

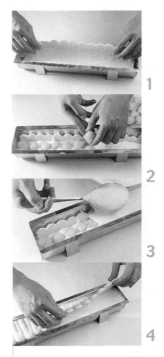

1

2

3

4

✢ 做法 **Directions**

1 檸檬皮切碎，和芒果丁、嫩豆腐、
檸檬汁一起以果汁機打成泥，再將
切碎的檸檬皮拌入。

2 吉利丁泡軟隔水溶化拌入果泥。

3 拌入蛋白鮮奶油（做法見P.12）。

4 將1/2的指形圍邊鋪於長形模型凹
處（圖1），舀入少許慕思於底
部，排入芒果果球（圖2），再倒
入剩餘的慕思（圖3），鋪上剩餘
的指形圍邊（圖4）。

5 放入冰箱冷凍庫冰數小時即可食
用。

南島風情慕思。
South Island Mousse

+ 份量：8吋慕思蛋糕1個

每個約 79 Kcal 可切12片

33℃的高溫，在心中想著一個南方小島，
碧海藍天，懶懶地躺在白色沙灘上，吹著海風，喝著沁涼的啤酒。

+ 材料 Recipe

椰子天使 Coconut Angel Cake

蛋白（egg white）245g.

塔塔粉（cream of tartar）1/2茶匙

鹽（salt）1/4茶匙

細砂糖（fine granulated sugar）100g.

低筋麵粉（plain flour）60g.

椰子粉（ground coconut）30g.

椰奶慕思 Coconut Milk Mousse

椰奶（coconut milk）200g.

吉利丁（gelatine）15g.

蛋白（egg white）3個

細砂糖（fine granulated sugar）50g.

鳳梨丁（pineapple chunks）150g.

+ 模具 8吋慕思圈1個

+Tips

這麼豐富的蛋糕慕思，熱量卻僅有79Kcal.！因為慕思
是由蛋白和椰奶製作，而蛋糕體也以不含油脂及蛋黃
的天使蛋糕為主材料，所以，放心享用吧！

+ 做法 Directions

1 蛋白以中速略打起泡，加入塔塔
粉、鹽打至粗泡沫狀，改快速續
打，分次加入細砂糖，打至濕性發
泡。

2 低筋麵粉、椰子粉過篩輕輕拌入，
放入模型中。上/下火180℃，約25
分鐘。

3 烤箱預熱，上/下火180℃，約烤25
分鐘，出爐後將模型倒扣於網架上
至冷卻。

4 將已冷卻的椰子天使蛋糕片橫切成
4片，取2片作夾層。

5 製作椰奶慕思：椰奶以小火煮滾，
拌入已泡軟的吉利丁片置於一旁待
涼。

6 蛋白和細砂糖打至濕性發泡，分次
拌入椰奶中。

7 將一片椰子蛋糕片置於模型底部，
舀入1/2份量的慕思，撒上1/2份量
的鳳梨丁，蓋上另一片蛋糕片，放
入剩下的慕思和鳳梨丁。

8 放入冷凍庫冰數小時至硬，取出脫
模，表面加以裝飾即可。

起司豆腐慕思。
Cheese Tofu Mousses

每個約
**127
Kcal**

✛份量：8個

初識時並不深刻，卻淡淡長長的陪你一路走來。

✛材料 Recipe

奶油起司（cream cheese）50g.

豆腐（tofu）150g.

蜂蜜（honey）1大匙

吉利丁（gelatine）5g.

蛋白鮮奶油（whippedhipped cream of eggwhites）
100g.（做法見P.12）

柳橙果肉（orange）1個

烤好5cm圓形小塔皮（baked tarts shell）8個
（做法見P.108）

天使蛋糕（Angel Food Cake）
直徑16.5cm、厚1cm×1片
（天使蛋糕可買現成的或參考P.11做法）

柳橙果醬（orange jam）少許

鏡面果膠（decoration jelly）少許

✛模具 直徑5cm小圓慕思模×8個

✛Tips

1 由於吉利丁量少，所以攪拌時可先取少量起司豆腐
餡拌勻，再分次加入蛋白鮮奶油，如此較不易結
粒。

2 鏡面果膠呈透明黏稠狀，在坊間烘焙專賣店均可買
到，常塗抹於慕思及水果的表面，有保護和美觀的
用途。

✛做法 Directions

1 將天使蛋糕裁成8個直徑4cm大小
圓形備用。

2 奶油起司攪拌至軟，嫩豆腐先以細
篩網過篩，拌勻後再拌入起司中。

3 拌入蜂蜜。

4 吉利丁片隔水融解拌入。

5 拌入蛋白鮮奶油。

6 拌入柳橙果肉即成柳橙慕思餡。

7 將烤好的小塔皮塗抹少許柳橙果
醬，覆蓋上蛋糕片，使其黏合（圖
1），放於慕思模底部。

8 倒入拌好的慕思餡，入冷凍室待冰
硬後脫模，表面抹上一層鏡面果
膠，以水果丁裝飾。

優格奶酪。
Yogurt Panna Cotta

冬日，走在白皚皚的樹林間，
只聽見踩在落葉和積雪的聲音。

✢ 份量：4杯

每杯約
105 Kcal

✢ 材料 Recipe

低脂牛奶（low-fat milk）225g.

吉利丁（gelatine）5g.

優格（yogurt）125g.

蜂蜜（honey）20g.

新鮮水果（fresh fruit）適量

玉米脆片（corn flakes）適量

✢Tips

奶酪一般是指以鮮奶為原料或加入部份鮮奶油調合後
加熱處理，再加入凝膠材料，經冷卻凝結成的果凍狀
點心。在口味上可分為義大利和法式，法式奶酪是在
牛奶加熱時添加生杏仁片，因此法式奶酪多了杏仁的
香味。

✢ 做法 Directions

1 牛奶以小火煮至將沸即熄火。

2 吉利丁泡軟拌入溶解，待涼備用。

3 優格、蜂蜜拌勻，分次牛奶加入拌勻。

4 將混合液倒入玻璃杯中，放置冰箱冷藏數小時。

5 可依自己喜好搭配水果或玉米脆片食用。

+材料 Recipe

低脂牛奶（low-fat milk）225g.

吉利丁（gelatine）5g.

新鮮草莓（strawberry）150g.

低脂優酪乳（low-fat yogurtmilk）125g.

蜂蜜（honey）50g.

優格（yogurt）1罐

新鮮水果丁（fresh fruit chunks）適量

+做法 Directions

1 牛奶以小火煮至將沸即熄火。

2 吉利丁泡軟拌入溶解，待涼備用。

3 草莓洗淨切丁，和優酪乳、蜂蜜一起放入果汁機打勻，分次牛奶加入拌勻。

4 將混合液倒入玻璃杯中，放置冰箱冷藏數小時。

5 取少量的優格抹在奶酪上，擺上水果丁裝飾即成。

+Tips

天然的水果最健康，再發揮創意，加上優格、甜酒或各種醬汁搭配，就可製作出各種變化的甜品了。

水果奶酪。
Fruit Panna Cotta

每杯約 **115** Kcal

喜和悲、甜或酸、只有你自己嚐到之後。　+份量：4杯

抹茶丸子。
Green Tea Panna Cotta

抹茶的苦澀、紅豆的甜蜜交融成歲月的滋味。

每杯約
128
Kcal

✛份量：6杯

✛材料 **Recipe**

低脂牛奶（low-fat milk）700g.
細砂糖（fine granulated sugar）100g.
抹茶粉（greentea powder）10g.
吉利丁（gelatine）10g.
小湯圓（small dumpling）適量
蜜紅豆（candied aduki bean）適量

✛做法 **Directions**

1 將牛奶和細砂糖以小火煮至將沸
即熄火，加入抹茶粉拌勻；吉利
丁泡軟拌入溶解。

2 待抹茶牛奶液稍涼後倒入容器
中，放置冰箱冷藏數小時。

3 小湯圓放入滾水中煮數分鐘，膨
脹浮起後取出，泡於冷開水中。

4 將小湯圓和蜜紅豆擺在冰硬的抹
茶奶酪上即可食用。

✛Tips

這是一道簡單好做又漂亮的甜點。
綠茶是現在很流行的健康食品，不
僅不含卡洛里，還有抗老、防癌的
功效。

Lemon Tea Jelly　檸檬茶凍

Plum Jelly　梅子果凍

梅子果凍。
Plum Jelly

青春年少的酸澀，
再回首卻不同滋味。

+ 份量：8杯

+ 材料 Recipe

梅酒（plum wine）150g.
脆梅（plum）20顆
洋甘菊（camomile）2大匙
水（water）600g.
果凍粉（jelly powder）15g.
細砂糖（fine granulated sugar）150g.

+ 模具　24×12cm長方形容器

+ 做法 Directions

1 洋甘菊放入水中，煮開後悶約20分
　鐘，將花渣濾出。
2 將細砂糖和果凍粉先拌勻混合，若果
　凍粉結粒需事先過篩。加入洋甘菊茶
　湯中，趁熱融化拌勻。
3 待涼後，加入梅酒。
4 將脆梅排放於模型中，倒入梅酒液，
　放入冰箱冷藏數小時，果凍結硬成形
　即可食用。

+Tips

微酸微甜的梅子是女生的最愛，梅子含
有豐富的檸檬酸，具有殺菌解毒的功
效，屬於強鹼的食物，可以幫助容易生
病的酸性體質回復到弱鹼性體質，增強
抵抗力，多吃有益健康。

檸檬茶凍。
Lomon Tea Jelly

如琥珀般的茶色，
又保存了誰的痕跡？

+ 份量：4杯

+ 材料 Recipe

水（water）600g.
紅茶包（blacktea bags）2個
細砂糖（fine granulated sugar）60g.
果凍粉（jelly powder）15g.
檸檬汁（lemon juice）1個

+ 做法 Directions

1 水煮開，浸入紅茶包約3分鐘，撈
　起。
2 將細砂糖和果凍粉先拌勻混合，若果
　凍粉結粒需事先過篩。
3 倒入紅茶液、檸檬汁拌勻。
4 倒入淺盤容器中，放入冰箱冷藏凝
　結。
5 將凝結的茶凍切成方形塊，放入玻璃
　杯中，可依個人喜好加入蜂蜜或奶油
　球等，即可食用。

+Tips

茶是完全沒有熱量的飲品，常喝茶可保
健康，將茶運用到西點中，可為西點添
色，是變換口味時不錯的選擇。

柳橙雪碧。
Orange Sorbet

62 Kcal 每份約

✣份量：6份

賽維亞蜿蜒曲折的小巷，看不見星星的夜晚，
橘子花的香味輕飄。

✣材料 Recipe

水（water）140g

細砂糖（fine granulated sugar）70g

柳橙汁（orange juice）40g

✣Tips

Sobert起源於法國，是只加糖與果汁，不添加鮮奶或鮮
奶油的冰品。可說是最能保存天然水果原味的甜點，
吃來口感特別綿密細緻，原因除了在冷凍過程不斷攪
動，破壞原有的結冰體外，多量的糖份也會使液體不
易冰硬。但為了考量低卡和健康，我們在糖量上做了
刪減。

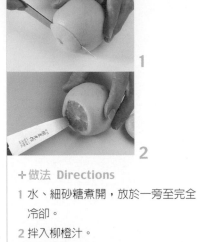

✣做法 Directions

1 水、細砂糖煮開，放於一旁至完全
冷卻。

2 拌入柳橙汁。

3 將柳橙糖水倒入容器中，冷凍1小
時至邊緣已結冰，以湯匙將結冰部
份和液體部份完全攪散。

4 放回冷凍庫再冰2小時，每隔約半
小時再攪拌一次，至已成綿細冰
狀。

5 取完整柳橙，切去頂端（圖1），挖
去果肉部份（圖2），填入柳橙雪碧
即可食用。

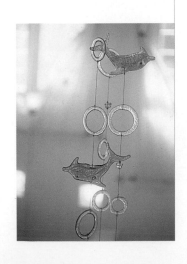

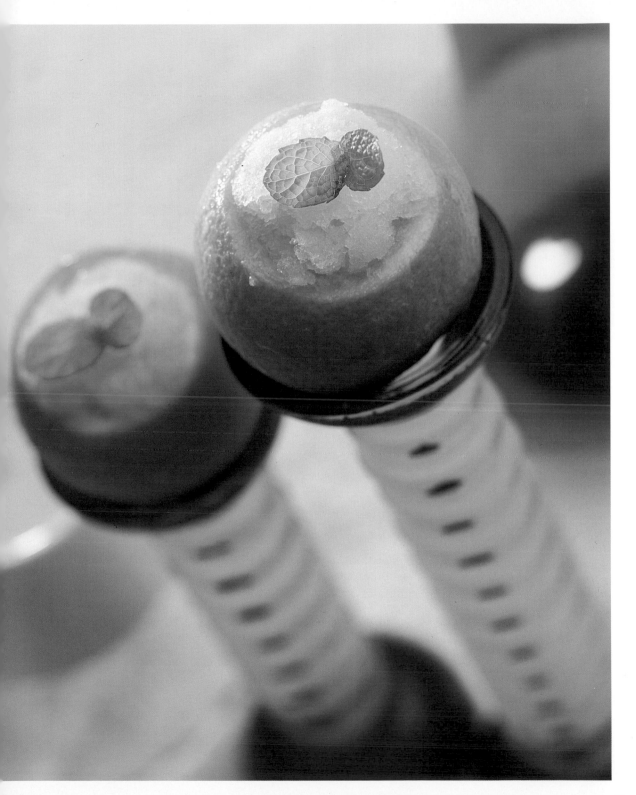

蘋果雪碧。
Apple Sorbet

每杯約
57
Kcal

+ 份量：6份

那一個北國的飄雪天，
竟是最後見你紅著雙頰的冬天。

+材料 **Recipe**

蘋果（apple）250g.
甜蘋果汁（sweet apple juice）225g.
檸檬汁（lemon juice）1/2個
蜂蜜（honey）1大匙
香草精（vanilla esscnce）1茶匙
吉利丁（gelatine）7.5g.
蛋白（egg white）2個
蘋果片（apple slices）適量

+做法 **Directions**

1 蘋果削皮去核切成丁狀，加入
150g.蘋果汁、檸檬汁，置小鍋
中以小火燜煮至軟，離火置於一
旁。

2 另加熱剩餘的蘋果汁，加入已
泡軟的吉利丁片，融化、待
涼。

3 將已冷卻的1、2項，和蜂蜜、
香草精放入果汁機中打成泥狀。

4 蛋白打發拌入，放入冷凍庫，在
冰硬前，每隔一段時間便加以攪
拌，使其更加綿細。

5 裝飾：將蘋果雪碧以冰淇淋挖杓
挖成球狀放在小碟子上，蘋果切
薄片排放在蘋果雪碧即成。

+**Tips**

蘋果切丁後拌入檸檬汁較不易變
色，也可增添蘋果的甜味。

奇異果優酪冰砂。
Kiwifruit Yogurt Ice

奇異的果了帶我進入愛情的異想世界。 ✛份量：4份

每份約
80
Kcal

✛材料 **Recipe**

奇異果（kiwi）250g.

蜂蜜（honey）50g.

優酪乳（yogurtmilk）250g.

✛做法 **Directions**

1 奇異果削皮切丁，和蜂蜜、優酪
乳放入果汁機中打成泥狀。

2 倒入容器中，冷凍1小時至邊緣
已結冰，以湯匙將結冰部份和液
體部份完全攪散。

3 放回冷凍庫再冰2小時，每隔約
半小時再攪拌一次，至已成綿細
冰狀。

✛Tips

優酪乳的熱量只比牛奶高一點兒，
但能養顏美容又抗癌，酸酸甜甜的
滋味也不錯，建議你多多運用。

焦糖葡萄柚可麗餅。
Caramel Grapefruit Crêpe

甜橙酒揮散，眩目火焰燒盡，
和我跳支舞吧！

✤份量：5片

 每個約 **170 Kcal**

✤材料 Recipe

低筋麵粉（plain flour）75g.
蛋白（egg white）1個
脫脂牛奶（fat-free milk）100g.
柳橙汁（orange juice）75g.
葡萄柚（grapefruit）2顆
焦糖 caramel
細砂糖（fine granulated sugar）75g.
水（water）180g.
柳橙酒（orange liqueur）2大匙
柳橙皮（orange peel）1個

✤Tips
一般薄餅配方中，加上許多蛋黃和奶油，這裡以蛋白替代，另外添加柳橙汁，如此更能搭配酸甜的葡萄柚。

✤做法 Directions

1 低筋麵粉過篩，和蛋白、牛奶、柳橙汁拌勻。

2 平底鍋塗抹少許植物油加熱，倒入麵糊 (圖1)，煎至兩面呈焦黃色(圖2)。

3 葡萄柚切去頭尾，削去外皮，取出果肉。

4 將煎好的薄餅和葡萄柚果肉排於餐盤上。

5 製作焦糖漿：細砂糖和水放入鍋中煮至糖融化，轉小火續煮至糖漿呈金黃色。

6 離火加入柳橙酒、柳橙皮，靜置5分鐘，若糖漿變硬可再加熱。

7 將適量熱糖漿淋在薄餅和葡萄柚上即成。

漫步在
微秋的田園。
Autumn

在這個收成的季節，
新鮮的蔬果和天然穀類
自然成為我們烤焙各種派、塔和小蛋糕的主角。

柳橙優格法式布丁。

Orange Yogurt Creme Brûlees

巴黎的露天咖啡座，搖曳著法國香頌的樂符。

✛ 份量：6份

每份約
110
Kcal

✛ 材料 Recipe

低脂牛奶（low-fat milk）200g.

細砂糖（fine granulated sugar）30g.

柳橙皮（orange peel）1/2個

全蛋（egg）2個

優格（yogurt）100g.

柳橙（orange）3個

紅糖（black sugar）少許

✛Tips

法式布丁原是以鮮奶油、牛奶以2：1的比例，加上蛋黃製成；在這兒，我們減少牛奶蛋液的份量，也加入柳橙果肉，增添鮮美口感。

✛ 做法 Directions

1 取50g.低脂牛奶和細砂糖、柳橙皮一起加熱至沸騰（圖1）。

2 全蛋打散和優格，剩餘牛奶拌勻（圖2）。

3 將煮過的牛奶中的柳橙皮撈去，和蛋液拌勻（圖3）。

4 柳橙去片切片排於容器中，倒入牛奶蛋液，略蓋過柳橙即可（圖4）。

5 烤箱預熱，上/下火150℃，隔水烤約20分鐘，至蛋液凝結。

6 取出布丁，將紅糖撒於表面（圖5），以上火250℃，再烤3~4分鐘，至表面呈焦黃即成。

蔓越莓麵包布丁。
Cranberry bread pudding

漫步穿越那一地野莓果，金黃的陽光從樹枒間灑下。

✦ 份量：6份

每份約
96
Kcal

✦ 材料 Recipe

低脂牛奶（low-fat milk）500g.

全蛋（egg）4個

細砂糖（fine granulated sugar）100g.

香草精（vanilla essence）少許

法國麵包（french bread）6片

蔓越莓乾（dried cranberry）60g.

✦ 模具　烤箱用橢圓形耐烤瓷器6個

✦ Tips

1 蔓越莓乾可前一晚先泡在甜酒中，如此可嘗到更軟嫩的蔓越莓，讓布丁帶著淡淡的酒香。

2 香草精可去除蛋腥味，若家中沒有可以檸檬皮屑代替。法國麵包也可以土司麵包代替。

✦ 做法 Directions

1 全蛋和細砂糖拌勻。取400g.牛奶倒入小鍋中加熱，沸騰前熄火，將牛奶緩緩倒入蛋液中，同時要不停攪拌蛋液。

2 倒入剩餘的牛奶混合，拌入少許香草精；將牛奶蛋液以細篩網過濾，去除其中雜質。

3 法國麵包切塊排入模型中，倒入牛奶蛋液，表面撒上蔓越莓乾。

4 放於烤盤上，烤盤裡記得加些冷水，隔水烤焙布丁會更漂亮。

5 烤箱預熱，上/下火180℃，隔水烤焙約30分鐘，至布丁定型，即可出爐。

鳳梨蜂蜜塔。
Pinapple Honey Tarts

他向左走，她向右走，卻在世界的另一端相遇。

每個約
125
Kcal

✛份量：6個

✛材料 **Recipe**

低卡塔皮麵糰（low-fat sweet short pastry）200g.
（做法見P.109）

水果餡 **Fruit filling**

鳳梨（pineapple）1/2個
香菜（coriander）數支
蜂蜜（honey）100g.
優格（yogurt）2罐

✛模具 7cm菊花小塔模6個

✛Tips

一般在製作水果塔時，會在塔皮內部抹上少許巧克力或果醬，既可防止水果的水份浸溼塔皮，還可增加風味。以蜂蜜代替，降低卡路里又將鳳梨優格餡提味。

✛做法 **Directions**

1 低卡塔皮麵糰擀開成厚約0.5cm，覆蓋於直徑7cm塔模上，修去多餘塔皮，整形。

2 烤箱預熱，上/下火180℃，烤約15~20分鐘至呈金黃色，出爐待涼。

3 製作水果餡：新鮮鳳梨切去中間硬梗，將果肉切成指頭大小的粗丁。

4 香菜洗淨濾乾水份，取香菜葉切成碎末。

5 將鳳梨丁、香菜末和50g.的蜂蜜拌勻備用。

6 以刷子或湯匙將少許蜂蜜抹在烤好的塔皮內部，填入適量優格，擺上鳳梨丁即成。

櫻桃派。
Cherry Pie

把一個一個甜蜜的果實包裹起來，
感情的缺口也在秋天封上。

每個約
172
Kcal
可切8片

✛ 份量：6吋圓派1個

1

2

3

4

✛ 材料 Recipe

　低卡派皮（low-fat pie pastry）250g.（做法見P.109）
　櫻桃（cherry）450g.
　細砂糖（fine granulated sugar）40g.
　檸檬汁（lemon juice）1小匙
　麵包丁（bread chunks）適量
　杏仁片（almond flakes）適量

✛ 模具　6吋圓模1個

✛Tips

1　也可以紅肉蜜李、蘋果等低卡水果來代替櫻桃。
2　使用麵包丁不僅可以減少內餡的熱量，也能吸收烘
　　烤時水果內餡多餘的汁液，使派皮不致太過濕黏。

✳ 做法 Recipe

1　低卡派皮麵擀開成厚約0.3cm圓形
　　（圖1），放於6吋慕思圈中，修去
　　周圍多餘派皮（圖2）。

2　櫻桃去核切片，與細砂糖、檸檬汁
　　一起拌勻。

3　麵包丁(吐司或法國麵包皆可)鋪於
　　派皮上（圖3），櫻桃片放於麵包
　　丁上（圖4）。

4　烤箱預熱，上/下火180/200℃，烤
　　約40分鐘，撒上杏仁片，續烤
　　5~10分鐘，至杏仁片呈金黃色即
　　成。

烤蘋果。
Baked Apples

每個約
140
Kcal

✛份量：4個

如果公主吃了毒蘋果就找到了白馬王子，
那麼還猶豫什麼，吃下它吧！

✛材料 **Recipe**

蘋果（apple）4個

瑞可塔起司（Ricotta Cheese）100g

蜂蜜（honey）30g

檸檬汁（lemon juice）1個

檸檬皮（lemon peel）1個

肉桂棒（cinnamon stick）4支

✛Tips

蘋果真可算是相當優質的水果，含有豐富的纖維質、
礦物質及維生素A；熱量低，吃來又有飽脹感，是控制
體重者的最佳選擇。

✛做法 **Directions**

1　蘋果洗淨，從中間挖洞去核。

2　起司和蜂蜜、檸檬汁及皮拌勻。

3　將起司餡填入蘋果中心的空洞（圖
　　1），分別放入1支肉桂棒（圖
　　2）。

4　烤箱預熱，上/下火180℃，烤約
　　45~50分鐘即成。

紅茶洋梨瑪芬。

Tea &Pear Muffin

每個約
156
Kcal

紅茶和洋梨的味道都相當典雅，
實在是令人賞心悅目的組合。

✛ 份量：12個

✛ 材料 Recipe

無鹽奶油（unsalted butter）60g.

細砂糖（fine granulated sugar）60g.

全蛋（egg）2個

低筋麵粉（plain flour）260g.

泡打粉（baking powder）3茶匙

紅茶包（blacktea bag）2個

低脂牛奶（low-fat milk）200g.

洋梨丁（pear chunks）100g.

❋ 模具　瑪芬紙杯12個

❋Tips

1 若喜好更濃郁的茶香，可將牛奶煮沸後，另取一茶
　包悶於其中10分鐘，或是將牛奶改為其他果汁。

2 洋梨也可選用其他較不易出水的水果代替。

❋ 做法 Recipe

1 奶油和細砂糖打發。

2 全拌入蛋（圖1）。

3 低筋麵粉、泡打粉過篩後，取出茶
　包中的茶葉末，一起拌入奶油糊中
　（圖2）。

4 拌入牛奶（圖3）。

5 新鮮或罐頭洋梨切丁後拌入（圖
　4）。

6 以湯匙或擠花袋將麵糊裝入瑪芬紙
　杯中（圖5）。

7 烤箱預熱，上/下火200℃，烤約15
　分鐘。

菠菜玉米瑪芬。
Spinach Sweetcorn Muffin

每個約 **152 Kcal**

鹹口味的瑪芬蛋糕，搭配簡單的生菜沙拉，
一杯新鮮現榨果汁，就是清爽的一份午餐囉！ ✳ **份量：12個**

✛ 材料 Recipe

無鹽奶油（unsalted butter）60g.
黃砂糖（golden caster sugar）40g.
鹽（salt）1茶匙
全蛋（egg）2個
低筋麵粉（plain flour）130g.
全麥粉（wholemeal flour）130g.
泡打粉（baking powder）3茶匙
菠菜（spinaceous）100g.
低脂牛奶（low-fat milk）100g.
玉米粒（corn flour）150g.
起司粉（cheese powder）少許

✛ 模具　瑪芬紙杯12個

✛ Tips

傳統瑪芬蛋糕的配方中，奶油通常佔了麵粉的近1/2
量；這裡將奶油減量一半，麵粉也減量一半，以全麥
粉替代，再加上菠菜、玉米，相當健康低卡喔！

✛ 做法 Directions

1 奶油、黃砂糖、鹽打發。
2 全蛋分次加入拌勻。
3 低筋麵粉、泡打粉過篩和全麥粉一
　起加入拌勻。
4 將菠菜切碎，和牛奶一起打成汁，
　拌入麵糊中。
5 取100g.玉米拌入。
6 麵糊填入擠花袋，擠入瑪芬紙杯
　中，將剩餘玉米粒撒在瑪芬表面，
　再撒上起司粉。
7 烤箱預熱，上／下火200℃，烤約15
　分鐘，至表面呈金黃色。

紅蘿蔔葡萄乾蛋糕。

Carrot Rasin Cake

健康、美味我都要，卡洛里和熱量我不要；
對美食挑剔的人，
請來嘗嘗紅蘿蔔葡萄乾蛋糕吧！

每個約
155
Kcal
可切12片

✦ 20×20cm方型蛋糕

✦ 材料 Recipe

低筋麵粉（plain flour）130g.

全麥粉（wholemeal flour）65g.

泡打粉（baking powder）1/2茶匙

肉桂粉（ground cinnamon）1/2茶匙

葵花油（sunflower oil）50g.

脫脂牛奶（fat-free milk）100g.

紅蘿蔔（Carrot）150g.

葡萄乾（raisin）25g.

蛋白（egg white）150g.

黃砂糖（golden caster sugar）100g.

鹽（salt）1/4茶匙

南瓜籽（pumpkin seed）25g.

✦ 做法 Directions

1 低筋麵粉、泡打粉、肉桂粉過篩和全麥粉混合。

2 拌入葵花油、牛奶。

3 紅蘿蔔刨成細絲和葡萄乾拌入（圖1）。

4 蛋白、砂糖和鹽打至濕性發泡。

5 將打發蛋白和麵糊拌勻即可（圖2），倒入塗油撒粉或墊紙的模型中。

6 烤箱預熱，上/下火180℃，烤約20分鐘，將南瓜籽撒在表面，續烤10~15分鐘即可。

✦ Tips

紅蘿蔔含豐富的維生素A、B、C，營養價值高，可補血，有的人不敢單吃紅蘿蔔，害怕它強烈的味道，放入麵糊中做成蛋糕，就吃不出來了。

Sunflower Seeds Pumpkin Cookies 瓜籽餅乾

Pumpkin Soft-Cookies 南瓜軟餅

瓜籽餅乾。
Seeds Cookies

心田上放一顆種子，
有一天它會開出一朵夢想的花。

每片約
62
Kcal

✤ 份量：24片

✤ 材料 Recipe

A {
葵花油（sunflower seed oil）60g
黃砂糖（golden caster sugar）60g
鹽（salt）1/2茶匙
全蛋（egg）1個
蛋白（egg white）1個
全麥粉（wholemeal flour）240g
小蘇打（baking soda1）1/2茶匙
}

蛋白（egg white）1個
葵花籽（sunflower Seed）30g
南瓜籽（pumpkin seed）30g

✤ 模具　6cm小圓模1個

✤ 做法 Directions

1　A料全部拌勻成糰。

2　將麵糰擀成厚約0.3cm，以6cm的小
　　圓模壓成一片片圓形餅。

3　壓好的餅干排列於烤盤上，蛋白打
　　散，以毛刷擦於餅干面上。

4　撒上葵花籽、南瓜籽，以手掌略壓，
　　使其較不易脫落。

5　烤箱預熱，上/下火180℃，烤約
　　10~15分鐘即成。

✤ Tips

1　葵花籽含豐富的蛋白質、維生素、礦
　　物質和不飽和脂肪酸，南瓜籽也富含
　　蛋白質和鐵質，都是營養價值極高的
　　食品。

2　葵花籽和南瓜籽的熱量不低，可少放
　　一些，或每片餅乾只放一粒於表面。

南瓜軟餅。
Pumpkin Soft-Cookie

午夜12點的鐘聲響起，當一切都成幻影時，
我的愛情和高跟鞋也不知去處？

每個約
159
Kcal
可切10片

✤ 份量：6吋圓形餅1個

✤ 材料 Recipe

無鹽奶油（unsalted butter）60g.
細砂糖（fine granulated sugar）80g.
全蛋（egg）1個
優酪乳（yogurtmilk）20g.
高筋麵粉（bread flour）100g.
低筋麵粉（plain flour）100g.
南瓜（pumpkin）100g.

✤ 模具　6吋慕思模1個

✤ 做法 Directions

1　將奶油和細砂糖打發。

2　全蛋拌入，再拌入優酪乳。

3　高、低筋麵粉過篩加入拌勻成糰。

4　將麵糰壓平於6吋慕思模中，南瓜削
　　皮切塊，嵌於麵糰上（圖1）。

5　烤箱預熱，上/下火200℃，烤約
　　20~30分鐘。

✤ Tips

南瓜含有豐富的抗氧化物、維生素A、
C，和礦物質；可預防癌症，對於降低
血壓也有幫助。

1

香草餅乾。
Herb Cookies

每片約
30 Kcal

南風從普羅旺斯吹來，
徜徉在一整片的薰衣草花田。

✛ 份量：約32片

✛ 材料 Recipe

低筋麵粉（plain flour）100g.
泡打粉（baking powder）1/2茶匙
燕麥（oatmeal）60g.
鹽（salt）少許
細砂糖（fine granulated sugar）15g.
蛋白（egg white）1個
葵花油（sunflower seed oil）40g.

裝飾

蛋白（egg white）1/2個
喜好的香草植物（herb）適量

1

2

✳ 做法 Recipe

1　低筋麵粉和泡打粉過篩。

2　所有材料攪拌均勻成麵糰。

3　將麵糰放置冰箱冷藏約30分鐘。

4　取出麵糰，擀開成厚約0.3cm的薄
　　片，以小刀切成4×6cm的長方
　　形。

5　蛋白液攪散刷上，撒上喜好的新鮮
　　或乾燥的香草植物（圖1、2）即
　　可。

6　烤箱預熱，上/下火170℃，烤約
　　20~25分鐘。

✳**Tips**

1　一般人對香草的印象多半是沖泡成花草茶飲用，其
　　實香草類植物因其獨特的香氛，常被運用在各式異
　　國料理及糕點烘焙中，有時間，不妨多試試不同風
　　味的香草植物來做點心。

依偎在
隆冬的烤爐旁。
Winter

歲末寒冬，給自己一些小小的縱容，
為你準備稍高熱量的麵糊類、
巧克力口味蛋糕帶給你更多的暖意。

迷迭香洋蔥司康。
rosemary Onion Scones

迷迭香哪！是能幫助你回想的線索，
親愛的，請你牢記在心！

＋份量：8個

每個約
116
Kcal

1

2

3

4

5

6

＋材料 Recipe

高筋麵粉（bread flour）100g.

低筋麵粉（plain flour）100g.

泡打粉（baking powder）1 1/2茶匙

鹽（salt）1/2茶匙

無鹽奶油（unsalted butter）25g.

低脂牛奶（low-fat milk）100g.

洋蔥（onion）50g.

黑橄欖（black olive）20g.

迷迭香（rosemary）數支

＋Tips

1 也可加入火腿丁或撒些起司粉一起烤。

2 司康餅是典型的英式下午茶點心，多半塗抹甜奶油
餡或果醬食用。

＋做法 Directions

1 高、低筋麵粉、泡打粉過篩和鹽混
合。

2 奶油放室溫下軟化，拌入粉中（圖
1）。

3 拌入牛奶（圖2）。

4 洋蔥切丁，橄欖切片拌入（圖
3），略揉成糰（圖4）。

5 將麵糰擀成3cm厚，以圓模壓出
（圖5）。

6 將新鮮迷迭香插於麵糰上（圖
6）。

7 烤箱預熱，上/下火200℃，烤約15
分鐘即成。

杏仁脆餅。
Almond Biscottic

※ 份量：巧克力和水果口味各10片

滄海桑田，乾涸堅硬的心何時能再感動。

每片約 **70** Kcal

1

2

3

4

5

✦ 材料 Recipe

巧克力口味 Chocolate Biscottic

A
- 全麥粉（wholemeal flour）100g.
- 可可粉（cocoa powder）20g.
- 細砂糖（fine granulated sugar）30g
- 鹽（salt）少許
- 酵母（dried yeast）1/2茶匙

全蛋（egg）1個

杏仁粒（desiccated almond）20g

水果口味 Fruit Biscottic

B
- 全麥粉（wholemeal flour）120g.
- 細砂糖（fine granulated sugar）30g.
- 鹽（salt）少許
- 酵母（dried yeast）1/2茶匙

全蛋（egg）1個

葡萄乾（raisin）20g.

綜合蜜餞（candied fruit）20g.

檸檬皮（lemon peel）1/2個

✦Tips

Almond Biscottic是義式餅乾，由於完全不含油脂，可算是低脂餅乾第一名。經過兩次烘烤，所以吃來相當脆硬，在國外，常常浸沾於咖啡中食用。

✦ 做法 Directions

1　將A、B粉分別混合成麵糊。

2　全蛋打散分別拌入麵糊中，揉製成糰。

3　製作巧克力口味者，拌入杏仁粒（圖1）；製作水果口味，則拌入葡萄乾、蜜餞及檸檬皮（圖2）。

4　將麵糰搓揉成長條，略為壓扁（圖3），表面塗上蛋液。

5　烤箱預熱，上/下火170℃，烤約20~30分鐘取出。

6　待稍涼將餅乾切成1cm厚的片狀（圖4）。

7　再次入爐烤焙5~10分鐘，至餅乾脆硬（圖5）。

南瓜巧克力塔。
Pumpkin Chocolate Tart

不給糖，就搗蛋！不愛我，就分手！

※ 份量：6吋塔1個

每個約
**142
Kcal**
可切8片

✛ 材料 Recipe

低卡塔皮麵糰（low-fat sweet short pastry）1個
（做法見P.109）

南瓜餡 Pumpkin fillings

南瓜泥（pumpkin chopped）200g.

黃砂糖（golden caster sugar）40g.

蛋白（egg white）2個

脫脂牛奶（fat-free milk）50g.

肉桂粉（ground cinnamon）1/2茶匙

丁香粉（ground cloves）少許

荳蔻粉（ground nutmeg）少許

巧克力淋醬 Chocolate toppings

脫脂牛奶（fat-free milk）150g.

水（water）100g.

砂糖（caster sugar）150g.

可可粉（cocoa powder）50g.

吉利丁（gelatine）10g.

✛ 模具　6吋派盤1個

✛ 自製巧克力淋醬

1 牛奶和水煮開，可可粉和砂糖過篩拌入（圖4）。

2 小火續煮約3分鐘，煮時需同時攪拌。

3 煮好後過篩，濾去顆粒（圖5）。

4 拌入泡軟的吉利丁片即成（圖6）。

※ 做法 Recipe

1 南瓜洗淨剖開去籽，切成粗長條放鍋中，加水略蓋過南瓜（圖1），悶煮20分鐘。

2 撈起南瓜，濾除水份，刮下果肉（圖2），待涼後放入食物處理機或以攪拌器打成泥狀，以篩網過篩，除去纖維部份，取得綿細的南瓜泥。

3 低卡塔皮麵擀開成厚約0.3cm圓形，放於6吋派盤中，修去周圍多餘派皮。將南瓜泥和其它材料放入果汁機中打勻，倒入塔皮裡(圖3)。

4 烤箱預熱，180/200℃，烤約30分鐘至南瓜餡凝結。

5 淋上巧克力淋醬即可。

巧克力香橙派。
Orange Meringue Pie

古典華麗的妳，在水晶燈下跳著華爾滋。

每個約 **132 Kcal**

※ 份量：8吋派1個　可切10片

✛材料 Recipe

巧克力甜派皮 Chocolate Pie Pastry

可可粉（cocoa powder）40g.

高筋麵粉（bread flour）140g.

低筋麵粉（plain flour）140g.

糖粉（icing sugar）80g.

無鹽奶油(unsalted butter)80g.

蛋白（egg white）2個

香草精（vanilla essence）1/4 茶匙

柳橙餡 Orange Fillings

全蛋（egg）1個

細砂糖（fine granulated sugar）80g.

玉米粉（corn flour）10g.

柳橙汁（orange juice）150g.

檸檬汁（lemon juice）50g.

柳橙皮（orange peel）1/2個

柳橙片（orange slices）適量

表面 Top

蛋白（egg white）2個

細砂糖（fine granulated sugar）3大匙

✛模具　8吋派盤1個

✛做法 Directions

1　**製作巧克力甜派皮：**可可粉和高、低筋麵粉、糖粉一起過篩拌和，奶油切小塊放上，以切麵刀將奶油切成豆粒大小，將粉、油混合物中心挖一個洞，放入蛋白和香草精，拌匀後以手稍揉成糰，放入冰箱冷藏取250g.麵糰擀圓製成派皮。

2　烤箱預熱，上/下火180℃，烤約15~20分鐘。

3　**製作柳橙餡：**全蛋、細砂糖於大容器中拌匀，拌入玉米粉。

4　柳橙汁、檸檬汁和柳橙皮加熱至80℃，倒入蛋糊中攪拌均匀。

5　倒回鍋中加熱至冒泡濃稠，即成柳橙餡。

6　取100g.柳橙餡抹於烤好的塔皮上，鋪上柳橙片。

7　蛋白和細砂糖打至濕性發泡，抹於派上；烤箱預熱，以上/下火230℃，烤約10分鐘，至蛋白表面呈焦黄即成。

✛Tips

1　派和塔都是加入大量的奶油才能做出酥脆的口感，雖然我們已經刪減了奶油的量，但仍然奉勸你，淺嚐即可。

2　烘烤空派皮時，為防止派皮底部隆起，可在上面放些紅豆（圖1）。

覆莓奶酥塔。

Rasperberry Crumb Cheese Tart

漿果的酸甜，堅果的香脆，
都來自大地的恩賜。　　　　+ 份量：8吋塔1個

每個約
121
Kcal
可切12片

1

2

3

4

5

6

+ 材料 Recipe

餅乾底 Base

海綿蛋糕（sponge cake）200g.（做法見P.19）

細砂糖（fine granulated sugar）40g.

奶油（butter）30g

起司餡 Cheese Fillings

瑞可塔起司（Ricotta Cheese）150g.

細砂糖（fine granulated sugar）50g.

全蛋（egg）1個

優格(yogurt)100g.

柳橙汁（orange juice）50g.

玉米粉（corn flour）20g

奶酥 Crumb 285g.（約可做2個8吋鋪面）

堅果（nut）60g.

低筋麵粉（plain flour）60g.

燕麥（oat）60g.

細砂糖（fine granulated sugar）60g.

奶油（butter）15g.

葵花油（sunflower oil）15g.

蘭姆酒（ram）15g.

覆盆子（raspberry）150g.

+ 模具 8吋慕思圈1個

+Tips

1 製作塔和派時用來做底的奶油餅乾，熱量
並不低；所以我們改用剩餘的蛋糕屑替
代。堅果可以早餐用的綜合穀類來代替就
更低卡囉！！

2 改良的奶酥還是有些熱量的，如果還想再
低卡些，可直接做起司蛋糕不加奶酥塊，
烤好後撒上玉米脆皮即可食用。

+ 做法 Directions

1 **製作餅乾底**：將海綿蛋糕以食物處理機打成
屑。

2 奶油融化，和細砂糖拌勻，烤箱預熱後以上/
下火200℃，烤15~20分鐘，取出放涼備用。

3 **製作起司餡**：將起司和細砂糖打軟，加入蛋
拌勻。

4 優格、柳橙汁、玉米粉攪拌均勻，拌入起司
糊中，拌勻即可。

5 **製作奶酥**：堅果切碎（圖1），和覆盆子以外
的材料放入攪拌盆中。

6 以手指抓捏將所有材料混合成小碎塊（圖
2），即為奶酥塊（圖3）。

7 將餅乾底鋪在慕思圈上，倒入起司餡，均勻
放上覆盆子粒（圖4、圖5），再鋪上奶酥塊
（圖6）。

8 烤箱預熱，上/下火180℃，烤約40分鐘即成。

藍莓巧克力蛋糕。
Blueberry Chocolate Cake

黑漆漆，看不見天上的雲，只有一片藍與黑。

⁎ **份量：5條**

每個約
98
Kcal
每條可切5片

⊹ 材料 **Recipe**

低筋麵粉（plain flour）275g.

泡打粉（baking powder）1大匙

細砂糖（fine granulated sugar）120g.

葵花油（sunflower seed oil）60g.

全蛋（egg）1個

低脂牛奶（low-fat milk）250g.

藍莓粒（dried blueberry）100g.

巧克力塊（chocolate chunks）50g.

麥片（oatmeal）適量

⊹ 模具　5個5×5×10cm小長方形模

+Tips

巧克力在單獨融解時須特別留心不要沾到水份，否則會使
其較黏稠，不易和其他材料拌勻；碰到這種情形時可以拌
入少許植物油。如果巧克力要和其他液體（如牛奶、鮮奶
油或奶油）一塊融解，須先將液體加熱再拌入切碎的巧克
力中，液體的份量通常不宜少於巧克力的1/4量。

⊹ 做法 **Directions**

1 低筋麵粉、泡打粉過篩，和細砂
　糖混合。

2 加入葵花油、全蛋和牛奶，攪拌
　均勻。

3 拌入藍莓粒和切碎的巧克力塊成
　藍莓巧克力麵糊。

4 將麵糊倒入已舖紙的模型中（圖
　1），撒上麥片（圖2）。

5 烤箱預熱，上/下火170℃，烤約
　30分鐘，以竹籤刺入不沾即成
　（圖3）。

香蕉蛋糕。
Banana Cake

每個約 **110 Kcal** 可切8片

✛份量：長方形蛋糕1個

有人說失戀的滋味宛如吃香蕉皮般的苦澀，
不！不是的！來塊豐厚溫醇的香蕉蛋糕吧，
你會發現，擁有幸福並不難。

✛材料 Recipe

香蕉（Banana）150g.

細砂糖（fine granulated sugar）50g.

蛋白（egg white）2個

低筋麵粉（plain flour）80g.

小蘇打粉（baking soda1）2茶匙

柳橙汁（orange juice）50g.

蘭姆酒（ram）10g.

核桃（walnut）30g.

✛模具 18×9×7cm長方型模1個

+Tips

1 香蕉、細砂糖打發後，可先加入蘭姆酒，靜置數小時或隔夜，使香蕉發酵，香味更濃郁。

2 每100g.香蕉就有100kcal.熱量，且香蕉含有大量澱粉質，雖然營養豐富，但要減肥者還是少吃為宜。

✛做法 Directions

1 香蕉、細砂糖以快速打發，香蕉顏色會轉白（圖1、2）。

2 低筋麵粉、小蘇打粉過篩拌勻。

3 拌入柳橙汁、蘭姆酒。

4 核桃烤過拌入（圖3）。

5 蛋白打發，拌入麵糊（圖4）。

6 長方型模擦白油墊上紙，倒入麵糊。

7 烤箱預熱，上/下火170℃，待表面著色，上火調降為150℃，共約烤30分鐘即成。

Ugly ChocolateCake 阿格齋巧克力蛋糕

X'mas Fruit Cake 耶誕水果蛋糕

阿格蕾
巧克力蛋糕。
Ugly Chocolate Cake

我很醜，可是我很溫柔。

✧ 份量：8吋蛋糕1個

每個約
108
Kcal
可切12片

✧ 材料 Recipe

巧克力塊（chocolate chunks）50g.

低脂牛奶（low-fat milk）50g.

無鹽奶油（unsalted butter）40g.

柳橙酒（orange liqueur）50g.

低筋麵粉（plain flour）40g.

可可粉（cocoa powder）20g.

蛋白（egg white）5個

細砂糖（fine granulated sugar）80g.

✧ 模具 8吋慕思圈1個

✧ 做法 Directions

1 巧克力塊切碎，牛奶煮沸沖入。

2 加入奶油塊，隔水加熱，至材料完成融合。

3 加入柳橙酒拌勻，拌入過篩的低筋麵粉和可可粉。

4 蛋白和細砂糖打至濕性發泡，和巧克力麵糊拌勻，倒入慕思圈中。

5 烤箱預熱，上/下火170/150℃，烤約30分鐘。

✧Tips

阿格蕾巧克力是偉大的小金老師自己命的名，因為他覺得做出來的蛋糕雖然外表很醜但是實在好吃，所以取名為Ugly Chocolate Cake，你也可以為自己的蛋糕取一些有趣的名字。

耶誕水果蛋糕。
X'mas Fruit Cake

每個約
195
Kcal
可切10片

先將希望、愛、和平打發，
再加入親情、友情、愛情攪拌均勻。

✧ 份量：8吋蛋糕1個

✧ 材料 Recipe

低筋麵粉（plain flour）150g

全麥粉（wholemeal flour）150g

泡打粉（baking powder）2茶匙

A ┌ 蜂蜜（honey）100g
  │ 全蛋（egg）1個
  │ 植物油（vegetable oil）25g
  │ 蘋果汁（apple juice）200g
  └ 蘭姆酒（ram）100g

蘋果（apple）1個

葡萄乾（raisin）50g

紅櫻桃（red cherry）50g

綠櫻桃（green cherry）50g

✧ 模具 8吋菊花模1個

✧ 做法 Directions

1 低筋麵粉、泡打粉過篩和全麥粉混合。

2 將A料和粉類攪拌均勻。

3 蘋果削皮去核切丁，櫻桃縱切成4片。

4 將水果丁拌入麵糰。

5 菊花模擦油撒粉，放入麵糰。

6 烤箱預熱，上/下火180℃，烤約30分鐘。

✧Tips

水果蛋糕即傳統的重奶油蛋糕，這裡把奶油改為植物油並減低蛋量。

耶誕薑餅。
X`mas Ginger Bread

Merry Christmas，歲末祝福，
願大家年年平安快樂。

每份約
165 Kcal

※ **份量：約12個**

✛材料 Recipe

白油（shortening）25g.

紅糖（brown suger）50g.

蜂蜜（honey）100g.

全蛋（egg）1個

A
- 高筋麵粉（bread flour）150g.
- 低筋麵粉（plain flour）150g.
- 小蘇打（baking soda1）1/2茶匙
- 薑粉（ground ginger）1茶匙
- 荳蔻粉（nutmeg powder）1/2茶匙

擦面

蛋（egg）1/2個

水（water）1大匙

+Tips

傳統薑餅上的糖霜含有不少熱量，而且也摻了不少色
素，不如試試這款素雅、低卡的耶誕薑餅。

✛做法 Directions

1 白油和紅糖拌勻，加入蜂蜜。

2 蛋加入攪拌均勻。

3 A料過篩，由於粉量較多，分兩次
　拌入。

4 放入冷凍庫冰約數小時至冰硬。

5 同時將事先準備好的耶誕樹圖形，
　畫於硬紙板上，分別裁下。

6 將冰硬的麵糰擀成約0.5cm厚，
　依紙版裁出（圖1）。

7 以竹籤略刺數孔（圖2），塗上蛋
　水。

8 烤箱預熱，上/下火150℃，烤約
　15~20分鐘。

低卡塔皮DIY
low-fat sweet short pastry

通常做派皮或塔皮，可一次多做些麵糰，以保鮮膜包好，放冷凍庫冷藏，約可存放一個星期；等下次做塔和派時，就可直接拿出來擀成你所需要的厚度及大小，壓入各種尺寸的塔模中。

※ 份量 **500g. 低卡塔皮麵糰**

※ 材料 **Recipe**

無鹽奶油（unsalted butter）80g.

糖粉（icing sugar）80g.

蛋白（egg white）2個

低筋麵粉（plain flour）150g.

全麥粉（wholemeal flour）150g.

低脂牛奶（low-fat milk）20g.

香草精（vanilla extract）1/2茶匙

檸檬皮（lemon peel）1/2茶匙

※ 做法 **Directions**

1 奶油和糖粉打發（圖1）。

2 分次加入蛋白（圖2）。

3 低筋麵粉過篩，和全麥粉一起拌入（圖3）。

4 倒入牛奶（圖4）。

5 最後拌入香草精和檸檬皮（圖5）。

6 放入冷凍庫數小時冰硬備用（圖6）。

7 將稍退冰的麵糰擀開成約0.5cm厚圓形，覆蓋於塔皮模型
　上，修去多餘塔皮，整形（圖7）。

8 塔皮底部以叉子刺洞，避免底部隆起（圖8）。

✚ 派vs.塔

　　派是利用油脂和麵粉在混合時的不均勻，形成多層次的酥脆口感，而油脂也是幫助派皮膨脹的主要成份，派除了適合甜口味的西點，也適合做成鹹口味的糕點。

　　塔的做法和口感則類似餅乾，它主要是利用塔皮材料中的水分子幫助膨脹，塔的膨脹效果不若派皮，但相對也有易塑形和固定形狀的優點。

1
2
3
4
5
6
7
8

低卡派皮DIY
low-fat pie pastry

傳統派皮和塔皮都是加入大量的奶油才能做出酥脆的口感,因為大量奶油所形成的層次,使得餅皮特別酥脆;而如果完成捨去奶油,則會喪失派皮特有的口感,所以在刪減1/2份量奶油的同時,可增添些玉米片和全麥粉以彌補派皮的酥脆層次感。

※ 份量 **250g. 低卡派皮麵糰**

※ 材料 **Recipe**

低筋麵粉(plain flour)60 g

全麥粉(plain whole meal flour)60g

玉米片(corn flakes)20g

細砂糖(fine granulated sugar)40g

無鹽奶油(unsalted butter)35g

蛋白(egg white)1個

冰水(ice water)20g

※ 做法 **Directions**

1 將低筋麵粉過篩和全麥粉、玉米片、細砂糖混合(圖1)。

2 奶油切小塊放於上(圖2)。

3 以切麵刀反覆將奶油切成豆粒大小(圖3)。

4 將粉油混合物的中心挖一個洞,放入蛋白和冰水(圖4)。

5 以叉子慢慢將粉和水拌勻(圖5)。

6 最後以手稍揉成糰,不可過度搓揉,放入冰箱冷藏冰硬待用(圖6)。

7 將稍退冰的麵糰擀開成約0.3cm厚圓形(圖7)。

8 覆蓋於塔皮模型上,修去多餘塔皮,整形(圖8)。

9 烘烤空派皮時,為防止派皮底部隆起,可在上面放些紅豆。

道具材料風向球

自己在家做甜點是一種幸福的感覺，由於份量並不大，所以應該盡量選擇好的材料和道具，才能輕鬆做出好看又好吃的甜點。製作低卡、健康的甜點則要選擇正確的、適合的材料。

常用換算表 Measure

◆ 容積換算表

1公升=1,000ml=1,000c.c.

1杯=240c.c.=16大匙

1大匙=15c.c.

1茶匙=5c.c.

1/2茶匙=2.5c.c.

1/4茶匙=1.25c.c.

◆ 常用材料換算表

低筋麵粉（1杯）=140g.

高筋麵粉（1杯）=100g.

全麥麵粉（1杯）=120g.

玉米粉（1大匙）=12.5g.

細砂糖（1杯）=200g.

糖粉（1杯）=130g.

可可粉（1大匙）=7g.

蜂蜜（1大匙）=21g.

牛奶（1杯）=227g.

　　　（1大匙）=21g.

碎堅果（1杯）=114g.

葡萄乾（1杯）=170g.

乾酵母（1茶匙）=3g.

鹽（1茶匙）=5g.

發粉B.P（1茶匙）=4g.

小蘇打B.S.（1茶匙）=4.7g.

塔塔粉（1茶匙）=3.2g.

◆ 重量換算表

1公斤=1000g.

1台斤=600g.=16兩

1磅=454g.=16盎司

1盎司=28.35g.

◆ 模型容積換算表

1 圓模型之容積

8吋×1/2=6吋

8吋×3/4=7吋

8吋×4/3=9吋

8吋×5/3=10吋

8吋×2=11吋

8吋×2 1/4=12吋

2 長模型或方模型之容積

7×3.5吋長模型×3/2=9×4.5吋長模型

7×3.5吋長模型×2=8吋圓模型

9.5×11.5吋方模型×2/3=7.5×9.5吋方模型

◆例如，想做6吋的蛋糕，但沒有6吋模型，就可將8吋模型的配方×1/2即可

◆ 烤箱溫度換算表

110°C=230°F	120°C=250°F
135°C=275°F	150°C=300°F
160°C=32°F	170°C=340°F
185°C=365°F	200°C=390°F
210°C=410°F	220°C=430°F
235°C=455°F	250°C=480°F

常用材料 Ingredients

◆ 雞蛋

新鮮的雞蛋蛋白黏稠，蛋黃呈飽滿狀，打發效果也較好，在分蛋白蛋黃時，可先將雞蛋冰過，如此蛋黃較不易破，因為蛋黃中的油脂成份會影響蛋白的打發效果，若蛋白中不慎有蛋黃時，可以蛋殼邊緣將蛋黃除去，如實在無法去除乾淨，則可添加少許塔塔粉或醋、檸檬汁等鹼性物質來中和，至於蛋的大小，一般則挑選中等大小、不含殼重約50g.，蛋白30g.、蛋黃則占20g.。

◆ 黃豆粉、綠豆粉

其卡洛里和一般麵粉相差不多，但營養價值確較高，如黃豆含較多的蛋白質、鈣質、鐵質和維他命B等，綠豆更具有美容和降火功能。

◆ 全麥粉

在製作健康、低卡甜點時，全麥粉是相當好的原料，因其含較多的礦物質和纖維，但是在某些甜點中不適宜使用過多，以免蛋糕的組織過於紮實。

◆ 玉米粉

從玉米中提練出來的純澱粉，可代替部份麵粉使用，熱量稍低。

◆ 燕麥、麥片、玉米片

都屬於營養價值高，低卡洛里的材料，如燕麥較一般白麵粉在礦物質、維生素、纖維質都高出許多，和麵粉搭配使用，也多了一份嚼感和健康。

◆ 蜂蜜

蜂蜜的卡洛里較砂糖低，而且由於蜂蜜甜度較高，所以在使用量上相對能降低，更多了一份水果或花的香氣。

◆ 砂糖

除了提供甜點甜味，也是糕點的組織材料，能幫助成品膨脹和著色，如因卡洛里或甜度考量，只宜做小幅度的調整。在製作西點時，最常使用的是白色細砂糖，其他還有黃砂糖、紅糖，在熱量上相差不多，而黃砂糖所含維他命和礦物質較高，紅糖則具有更濃烈的甘蔗香味，通常用於強調砂糖香味及糕點顏色時。

◆ 鮮奶

脫脂鮮奶其乳脂含量僅0.1～0.3%，適合希望盡量降低卡洛里的人選用，而低脂鮮奶乳脂含量1.5～1.8%，香味略遜全脂鮮奶，又不至如脫脂鮮奶般淡。

◆ 優格、優酪乳

優格是乳品經乳酸菌發酵而成，它的營養價值高，也是起司、鮮奶油的健康低卡替代品，優格加上適量鮮奶、果汁、香料、糖水等稀釋即成優酪乳。

◆ 卡特基低脂起司
Cottage Cheese

以脫脂乳製成，低脂、高鈣、高蛋白的健康食品，呈黃豆般大的粒狀或糊狀，乳脂含量為4%。

◆ 瑞可塔起司
Ricotta Cheese

以乳清製成，白色、質地柔軟，味道溫潤的義大利新鮮起司，乳脂含量為11%。

◆ 瑪斯卡彭起司
Mascarpone Cheese

口味溫和，質地柔軟帶有奶油風味，乳脂含量較高，常被拿來製做甜點，如Tiramisu。

◆ 豆腐

是高營養價值、低熱量的健康食品，非常適合使用在慕思、涼點的製作上。

◆ 新鮮蔬果

算是低卡點心的最佳伴侶，加入糕點中即可減少其他原料的份量，而蔬果本身的糖份，還可減少砂糖用量，又富含維他命和礦物質等養份，更可利用果肉或果皮所含的天然香味為點心增添美味。

◆ 乾燥水果

甜度較高，加入糕點中可減少糖的使用量，不過其熱量也較高，因此用量不宜太多，部份乾燥水果使用前泡水或酒，口感較佳。

◆ 植物油
其中又以葵花油的不飽和脂肪酸之成份和清淡香味最適合，橄欖油由於其獨特強烈香味，在特定糕點中可選擇使用。

◆ 花草香料
低卡點心由於降低了油、蛋、奶的使用量，香味自然較淡薄，而清香的花草香料就非常適合搭配使用，你也可以嘗試在家中種些新鮮的香料植物，如薄荷、玫瑰花、薰衣草，更可以用於糕點的裝飾。

◆ 可可粉
可可豆在煉製過程可提煉出可可脂和可可粉，而可可粉是巧克力的主要來源，而其熱量又低於純巧克力，所以在製作低卡點心時，我們多以可可粉取代巧克力。

◆ 巧克力
若直接用於糕點中，以含可可脂的為佳；用於裝飾上，則可考慮使用成本較低巧克力。

◆ 香草精
添加少許香草精，常可為平凡的糕點畫龍點睛，也可去除蛋、奶、油本身具有的腥味，有粉狀、液狀，但新鮮天然的香草條味道最好。

◆ 辛香料
如肉桂、荳蔻等非常適合低卡糕點，香辛料磨成粉後，香味較易散失，若能取得整顆或條狀，立即磨成粉，香味更強烈。

◆ 甜酒
能增添糕點另一番成熟風味，如蘭姆酒、香橙酒、威士忌、櫻桃酒、咖啡酒等，都是適合加入糕點的甜酒。

◆ 堅果、種籽
如杏仁、葵花籽、南瓜籽等都屬高營養價值的食物，但是其富含油脂，因此在製作低卡甜點時，使用量上仍須加以限制，撒在糕點表面既可裝飾，又可在剛入口時享受到風味。

常用道具
Utensils

◆ 秤
按照配方正確地秤料，是做甜頭成功的開始。一般在家裡製作，準備1kg.左右的小秤即可。

◆ 量匙、量杯
用來稱量材料，材質可依個人喜好作選擇，只要刻度清楚，方便使用即可，在稱量材料時，要剛好平杯面和匙面以求準確。常用材料當重量換為容積時，請參考P.110〈常用換算表〉。

◆ 打蛋器
用於攪拌、打發少量材料，而手提式攪拌器在打發雞蛋、鮮奶油、奶油時則相當方便，除非你是做甜點的超級愛好者，再考慮買專業的攪拌器。

◆ 鋼盆
圓底不銹鋼盆，製作西點時最方便。可準備大小數種尺寸。

◆ 橡皮刮刀
用於拌勻材料，也可將攪拌盆中的材料刮乾淨，耐熱橡皮刮刀則可用於材料加熱時之攪拌。

◆ 篩網
手握式篩網適合少量粉類過篩時可直接篩入攪拌中的材料。

◆ 抹刀
用來塗抹蛋糕霜飾的工具，彎形抹刀用來塗抹平盤蛋糕時非常方便。

◆ 蛋糕模
依所作做蛋糕選擇合適模型，材質上有鋁、不銹鋼、不沾模型。

◆ 瓷杯、碗

瓷製，耐熱，可直接入烤箱烘烤，如製作舒芙里(Souffle)，法式布丁、蒸烤布丁等，也適用於盛裝涼點。

◆ 小切刀

切水果或新鮮香料時，方便操作且較安全。

◆ 毛刷

可用於蛋糕刷糖水酒，或餅干表面擦蛋液時；若用於模型擦油，則挑選刷毛較粗硬的。

◆ 磨皮、刨絲器

磨取檸檬、柳橙皮絲，和刨絲用。

◆ 挖球器

用來挖取圓球形果肉，常用於瓜類水果。

◆ 切麵刀

製作派皮切碎奶油，麵糰的分割，甚至工作檯面的清潔都很好用。

◆ 慕司圈

可依喜好選擇圓形、心形、長形等不同造形及尺寸。

◆ 塔模、派皮

除了可製作各種尺寸的水果塔和派，也可用來烤海綿蛋糕、波士頓派等。

◆ 擠花袋、花嘴

可選用不同花嘴做蛋糕裝飾變化，也可以擠花袋填充麵糊、內餡。

◆ 瑪芬、貝殼蛋糕模

主要為瑪芬及貝殼蛋糕模，如果要製作其他小巧的蛋糕時，也可以變換使用。

國家圖書館出版品預行編目資料

吃不胖甜點：減糖·低脂·真輕盈
／金一鳴 著.
-- 初版. -- 台北市：朱雀文化,
2004[民93]
面；公分. -- (Cook50；53)
ISBN 986-7544-25-0 (平裝)
1.食譜 - 點心
427.16

吃不胖甜點。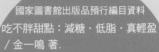

COOK50053

作　　者■金一鳴　攝　影■陳弘暐、廖家威　版面設計■鄭雅惠　封面繪圖■李俊建

食譜編輯■任　興　企畫統籌■李　橘　發行人■莫少閒　出版者■朱雀文化事業有限公司

地　　址■台北市基隆路二段13-1號3樓　電話■(02)2345-3868　傳真■(02)2345-3828

劃撥帳號■19234566 朱雀文化事業有限公司　e-mail■redbook@ms26.hinet.net

網　　址■http://redbook.com.tw　總經銷■展智文化事業股份有限公司

ISBN■986-7544-25-0　初版一刷■2004.11　　　　■

定　　價■280元　出版登記■北市業字第1403號

About買書：

●朱雀文化圖書在北中南各書店及誠品、金石堂、何嘉仁等連鎖書店均有販售，如欲購買本
公司圖書，建議你直接詢問書店店員，如果書店已售完，請撥本公司經銷商北中南區服務專
線洽詢。北區（02）2250-1031 中區（04）2312-5048 南區（07）349-7445

●●上博客來網路書店購書（http://www.books.com.tw），可在全省7-ELEVEN取貨付款。

●●●至郵局劃撥（戶名：朱雀文化事業有限公司，帳號：19234566），
掛號寄書不加郵資，4本以下無折扣，5～9本95折，10本以上9折優惠。

●●●●親自至朱雀文化買書可享9折優惠。